Nordrhein-Westfälische Akademie der Wissenschaften

Natur-, Ingenieur- und Wirtschaftswissenschaften    Vorträge · N 412

Herausgegeben von der
Nordrhein-Westfälischen Akademie der Wissenschaften

ALFRED FETTWEIS

Numerische Integration partieller Differentialgleichungen
mit Hilfe diskreter passiver dynamischer Systeme

Westdeutscher Verlag

378. Sitzung am 6. November 1991 in Düsseldorf

---

Die Deutsche Bibliothek - CIP-Einheitsaufnahme

**Fettweis, Alfred:**
Numerische Integration partieller Differentialgleichungen mit Hilfe diskreter passiver dynamischer Systeme / Alfred Fettweis. - Opladen: Westdt. Verl., 1995
  (Vorträge / Nordrhein-Westfälische Akademie der Wissenschaften: Natur-, Ingenieur- und Wirtschaftswissenschaften; N 412)

NE: Nordrhein-Westfälische Akademie der Wissenschaften (Düsseldorf): Vorträge / Natur-, Ingenieur- und Wirtschaftswissenschaften

---

Der Westdeutsche Verlag ist ein Unternehmen der Bertelsmann Fachinformation.

© 1995 by Westdeutscher Verlag GmbH Opladen

Herstellung: Westdeutscher Verlag

ISSN 0944-8799

ISBN 978-3-531-08412-1          ISBN 978-3-322-85999-0 (eBook)
DOI 10.1007/978-3-322-85999-0

# Inhalt

*Alfred Fettweis*, Bochum
Numerische Integration partieller Differentialgleichungen
mit Hilfe diskreter passiver dynamischer Systeme

| | |
|---|---:|
| Zusammenfassung | 7 |
| 1. Einleitung | 7 |
| 2. Hauptvorteile des Verfahrens | 9 |
|    2.1 Parallelität und Lokalität | 9 |
|    2.2 Numerische Stabilität | 10 |
|    2.3 Robustheit des Algorithmus | 10 |
|    2.4 Variable Parameter, Randbedingungen | 12 |
|    2.5 Approximation im Spektralbereich | 12 |
|    2.6 Steife Systeme | 13 |
| 3. Herleitung des Verfahrens und weitere Aspekte | 13 |
|    3.1 Benutzung der usprünglichen Differentialgleichungen als Ausgangsbasis | 13 |
|    3.2 Koordinatentransformation | 14 |
|    3.3 Mehrdimensional passive Kirchhoffsche Schaltung | 14 |
|    3.4 Diskretisierung der unabhängigen Variablen | 15 |
|    3.5 Diskrete mehrdimensional passive Kirchhoffsche Schaltung | 16 |
|    3.6 Weitere Transformationen | 17 |
|    3.7 Verwendung von Wellengrößen | 17 |
|    3.8 Weitere Vorteile der Benutzung von Wellengrößen | 19 |
|    3.9 Variable Abtastgitter | 20 |
|    3.10 Zugängige Aufgabengebiete | 20 |
|    3.11 Berechnung des eingeschwungenen Zustands | 21 |
|    3.12 Anwendbarkeit des Verfahrens | 22 |
|    3.13 Aktive Systeme | 22 |
| Literatur | 23 |

Diskussionsbeiträge
   Professor Dr. rer. nat. *Reinhold Böhme;* Professor Dr. sc. techn., Dr. h. c. mult. *Alfred Fettweis;* Professor Dr. rer. nat., Dr. sc. techn. h. c. *Bernhard*

Inhalt

*Korte;* Professor Dr. rer. nat. *Kurt Suchy;* Professor Dr.-Ing. *Martin Fiebig;* Privatdozent Dr.-Ing. *Vasanta Ram;* Professor Dr. rer. nat. *Klaus Kirchgässner* .................................................... 25

*Zusammenfassung*

Numerische Integration partieller Differentialgleichungen, die physikalische Systeme mit endlicher Ausbreitungsgeschwindigkeit beschreiben, kann dadurch erfolgen, daß das ursprüngliche System mit Hilfe eines diskreten dynamischen Systems modelliert wird. Wenn das ursprüngliche System im eigentlichen physikalischen Sinn passiv ist, so läßt es sich durch eine Zeit-Raum-Koordinatentransformation in ein System transformieren, das mehrdimensional passiv ist, also passiv in einem verallgemeinerten, nämlich mehrdimensionalen Sinn. Entsprechend kann dann auch das zugehörige diskrete System mehrdimensional passiv gestaltet werden. Dadurch gelingt es insbesondere, eine geeignete mehrdimensionale vektorielle Ljapunow-Funktion verfügbar zu machen.

Die wichtigsten Vorteile, die das Verfahren für den sich ergebenden Algorithmus liefert, sind: *massiver Parallelismus*, volle *Lokalität* aller Operationen, leichte Beherrschbarkeit der *numerischen Stabilität*, hohe *Robustheit* gegenüber den unvermeidbaren Rechenfehlern (Rundungs- bzw. Schneidefehler, Überlaufkorrekturen), die durch die Beschränktheit der auf einem Rechner zur Verfügung stehenden Wortlängen entstehen, sinnvolle Interpretationsmöglichkeit von *Frequenzbereichs-Betrachtungen*, Eignung als Grundlage für den Bau massiv paralleler *Spezialrechner*. Die Anwendbarkeit des Verfahrens ist für die Akustik, Elektrodynamik, Elastizität und Fluiddynamik nachgewiesen worden.

*1. Einleitung*

Seit einigen Jahren befaßt sich der Lehrstuhl für Nachrichtentechnik der Ruhr-Universität Bochum mit einem neuartigen Verfahren zur numerischen Integration partieller Differentialgleichungen [1–10], das auf der Verwendung von Prinzipien der *mehrdimensionalen Kirchhoffschen Netzwerke* [11, 12] und der *mehrdimensionalen Wellendigitalfilter* [6, 13] beruht. Hiermit ist auch bereits deutlich gemacht, weshalb das Verfahren nicht früher entdeckt worden ist: Es benutzt in intensiver Weise Methoden und Ergebnisse, die durch umfangreiche Untersuchungen im Rahmen der Netzwerktheorie und der digitalen Signalverarbeitung erarbeitet worden sind, außerhalb des kleinen Kreises der Fachleute der mehrdimensionalen Wellendigitalfilter jedoch kaum bekannt sein dürften. Statt von mehrdimensionalen Wellendigitalfiltern zu sprechen, benutzen wir im Zusammenhang mit der numerischen Integration auch gerne die Bezeichnung *mehrdimensional passive diskrete dynamische Systeme.*

Der *Kerngedanke* des neuen Verfahrens besteht in der Tat darin, das ursprüngliche physikalische System durch ein diskretes dynamisches System zu modellieren. Ist das ursprüngliche System *passiv* im eigentlichen physikalischen Sinn, so soll das entsprechende diskrete System ebenfalls passiv sein, jedoch nicht nur im ursprünglichen, sondern in einem erweiterten, nämlich mehrdimensionalen Sinn. Wesentlich ist dabei die Überlegung, daß es auf diese Weise möglich sein muß, vorteilhafte Eigenschaften wie *massiven Parallelismus* [14, 15] und *volle Lokalität*, insbesondere aber auch strenge Robustheitseigenschaften [6, 16, 17] zu erzielen, die mit anderen Verfahren wohl kaum erreichbar sind, es sei denn, daß ein solches anderes Verfahren zwar auf einem anderen Wege gefunden worden, letztlich jedoch mit dem hier angestrebten äquivalent ist. Andererseits war bekannt, daß mehrdimensionale Wellendigitalfilter tatsächlich Systeme der gewünschten Art, also mehrdimensional passive diskrete dynamische Systeme sind. Dieser Umstand war der eigentliche Ausgangspunkt der Überlegungen, denn sowohl eindimensionale als auch mehrdimensionale Wellendigitalfilter sind an dem genannten Lehrstuhl erfunden worden und werden dort seither intensiv untersucht.

Gänzlich neu ist allerdings die Tatsache, daß das Ziel jetzt nichts mit der Realisierung von Strukturen zu tun hat, die gewünschte mehrdimensionale Filtereigenschaften besitzen sollen, sondern mit solchen, die bekannte physikalische Systeme zu modellieren gestatten. Insbesondere soll das modellierende diskrete dynamische System alle wesentlichen Eigenschaften besitzen, die auch für das ursprüngliche System gelten. Es soll sich also von diesem im wesentlichen nur dadurch unterscheiden, daß es nicht durch partielle Differentialgleichungen, sondern durch Differenzengleichungen in mehreren unabhängigen Variablen beschrieben wird.

Damit wird auch klar, daß das Verfahren keineswegs unter Wahrung seiner Vorteile auf allgemeine partielle Differentialgleichungen angewendet werden kann, wohl aber auf solche, die realen physikalischen Systemen entsprechen. Durch die Beschränkung auf diese kleine Unterklasse bezieht es also seine günstigen Eigenschaften. Andererseits stellt diese Beschränkung keinerlei Einschränkung für die Praxis dar, denn umfangreiche numerische Analysen wird man nur für partielle Differentialgleichungen durchführen, die einen praktischen Bezug haben, denen also ein reales physikalisches System zugrundeliegt. Insbesondere ist das Verfahren auch auf die nichtlinearen partiellen Differentialgleichungen kompressibler Fluide anwendbar.

Leider ist es nicht möglich, das Verfahren in einem knappen Aufsatz in ausreichender Ausführlichkeit zu beschreiben. Daher soll hier eine allgemeine Übersicht über die wesentlichen Aspekte des Verfahrens gegeben werden. Für eine detailliertere Beschreibung sei auf die zitierte Literatur verwiesen. Einige verwandte Aspekte finden sich in [18–21].

## 2. *Hauptvorteile des Verfahrens*

Die Hauptvorteile, die mit Hilfe des Verfahrens erzielt werden können, sowie einige weitere wichtige Aspekte sind hiernach kurz zusammengefaßt:

### 2.1 *Parallelität und Lokalität*

Reale physikalische Systeme sind nicht nur kausal, sondern unterliegen dem *Nahwirkungsprinzip*. Insbesondere können Ausbreitungsvorgänge nur mit *endlicher Geschwindigkeit* erfolgen. Mit anderen Worten: Zwei Punkte im Raum können sich nur beeinflussen, nachdem eine positive Zeit verstrichen ist, nämlich die Zeit, die ein Ausbreitungsvorgang (Welle, Strömung usw.) benötigt, um den Abstand zwischen den beiden Punkten zu überwinden. Reale Systeme besitzen folglich uneingeschränkt die Eigenschaften der vollen *Parallelität* und der vollen *Lokalität*.

Volle Parallelität besagt, daß sich zu einem beliebigen festen Zeitpunkt alle unterschiedlichen Punkte im Raum unabhängig voneinander verhalten, d. h., daß die Art und Weise, wie sich das System in irgendeinem Raumpunkt zu einem beliebigen Zeitpunkt verhält, unabhängig vom Zustand ist, den das System zum gleichen Zeitpunkt in irgendeinem anderen Raumpunkt annimmt.

Volle Lokalität besagt, daß die im Rahmen der Parallelität noch mögliche Beeinflussung eines Raumpunkts nur von unmittelbar benachbarten Raumpunkten aus erfolgt, also daß für die in einem Raumpunkt auszuführenden Berechnungen nur Information benötigt wird, die zu früheren Zeitpunkten im gleichen oder in unmittelbar benachbarten Raumpunkten berechnet worden ist. (Im kontinuierlichen Bereich bedeutet das Auftreten von Differentialoperatoren selbstverständlich, daß der Grenzfall betrachtet wird, wenn der Abstand der zunächst gewählten Raumpunkte gegen null geht.)

Bei dem vorliegenden Verfahren gelingt es – wie freilich auch etwa bei dem bekannten Verfahren der finiten Differenzen –, die Eigenschaften der vollen Parallelität und der vollen Lokalität in entsprechender Weise auf den Algorithmus zu übertragen. Dieser besitzt daher *massiven Parallelismus* und erfordert nur *lokale*

*Verknüpfungen.* Ersteres besagt, daß Parallelverarbeitung in praktisch unbegrenztem Umfang durchführbar ist. Letzteres besagt, daß hierbei Information jeweils nur aus Speichern benötigt wird, die dem gleichen oder unmittelbar benachbarten Raumpunkten zugeordnet sind. Es sind also nur Parallelrechner von grundsätzlich sehr einfachem Aufbau erforderlich, was auch im Hinblick auf den eventuellen Bau von Spezialrechnern, also von Rechnern, die zur Lösung spezieller Problemklassen konzipiert sind, von großem Interesse ist.

## 2.2 Numerische Stabilität

Wie bei allen numerischen Verfahren muß eine *Diskretisierung des Raum-Zeit-Kontinuums* erfolgen. Es ist bekannt, daß dann das diskrete System auch bei unbegrenzt genauer Durchführung der erforderlichen arithmetischen Operationen instabil sein kann, und zwar auch dann, wenn das ursprüngliche kontinuierliche System stabil ist. Zur Verhinderung solcher Situationen, also zur Sicherstellung der *numerischen Stabilität,* ist es auf jeden Fall erforderlich, daß das Verhältnis aus räumlicher zu zeitlicher Schrittweite hinreichend groß ist. Diese als CFL-Bedingung (Courant-Friedrichs-Lewy-Bedingung) bezeichnete Forderung ist zwar als notwendig, nicht jedoch in präziser Form auch als hinreichend bekannt. Bei dem neuen Verfahren ergibt sich aber eine klare Aussage auch zu dem letzten Aspekt. Das gilt sogar z. B. im Falle der nichtlinearen Gleichungen der Fluiddynamik, für die bisher eine der CFL-Bedingung entsprechende Aussage anscheinend nicht in eindeutiger Form bekannt war.

## 2.3 Robustheit des Algorithmus

Die Berechnung kritischer Vorgänge im mehrdimensionalen, insbesondere vierdimensionalen Raum-Zeit-Kontinuum erfordert Rechnungen von gigantischem Umfang, die sogar hochparallele Rechner über längere Zeit in Anspruch nehmen können. Gerade dieser Punkt unterstreicht, wie wichtig es ist, über unbedingt robuste numerische Verfahren zu verfügen, so daß nach langer, mühsamer Rechnung gefundene Ergebnisse noch als zuverlässig und damit aussagefähig angesehen werden können.

Unter Robustheit eines Algorithmus [6, 16, 17] wird hierbei folgendes verstanden: Der durch die Raum-Zeit-Diskretisierung gefundene *ideale Algorithmus* setzt im Prinzip voraus, daß alle arithmetischen Operationen exakt ausgeführt werden, also unendliche Wortlängen für die Zahlendarstellung zur Verfügung stehen. Tatsächlich werden aber nicht nur das Raum-Zeit-Kontinuum, sondern auch die Werte diskretisiert, mit denen die Feldgrößen dargestellt werden. Wegen der begrenzten Registerwortlängen der Rechner müssen folglich laufend *Reformatierungsoperationen*, d. h. Rundungs- bzw. Schneide- sowie Überlaufkorrekturen ausgeführt werden, und alle dadurch entstehenden Fehler reagieren fortlaufend miteinander. Als Folge davon können z. B. diskrete Systeme, die bei exakter Ausführung aller Rechenoperationen stabil sind, instabil werden oder sich eventuell sogar chaotisch verhalten. Wir nennen den sich ergebenden *realen Algorithmus robust*, wenn er so beschaffen ist, daß alle diese Aspekte weitestgehend beherrschbar sind, also auf Grund der Erfüllung einer ausreichenden Anzahl Kriterien erwartet werden kann, daß der reale Algorithmus sich weitestgehend wie der ideale verhält, also keine gravierenden Abweichungen zwischen dem Verhalten bei unendlicher und dem bei endlicher Rechengenauigkeit auftreten, und daß von außen induzierte Fehler nicht zu anwachsenden Störungen führen.

Das neue Verfahren erlaubt es, ein hohes Maß an Robustheit des Algorithmus sicherzustellen. Dies wird dadurch ermöglicht, daß es gelingt, eine *mehrdimensionale Ljapunow-Funktion*, d. h. eine letztlich von den unabhängigen Variablen abhängige Ljapunow-Vektorfunktion aufzustellen, mit deren Hilfe Vorschriften darüber hergeleitet werden können, wie die Reformatierungsoperationen ausgeführt werden müssen, um mittels Sicherstellung von Passivität und Dissipativität möglichst hohe Robustheit zu erreichen.

Die mehrdimensionale Ljapunow-Funktion wird auf dem Wege über die *mehrdimensionale Passivität* (siehe auch Abschnitte 3.3 und 3.5) gefunden und stellt eine nichttriviale Verallgemeinerung des Begriffs einer gespeicherten Energie dar. Ein *physikalisch passives System* ist noch nicht mehrdimensional passiv, wohl aber potentiell mehrdimensional passiv, wenn es endliche Ausbreitungsgeschwindigkeit besitzt; hierauf wird in Abschnitt 3.2 noch kurz eingegangen. Möglich wird die Sicherstellung der Robustheit des Algorithmus (wie auch diejenige der in Abschnitt 2.2 besprochenen Stabilität bei exakter Rechnung) letztlich jedenfalls nur dadurch, daß die betrachteten Differentialgleichungen einem passiven physikalischen System entsprechen. Passivität ihrerseits ist aber mit physikalischen Gesetzen über *Energieerhaltung* und *Richtung des Energieflusses* verknüpft. Andererseits wird für einige Aspekte der Robustheit der Begriff der *inkrementalen Passivität* [24] benötigt, die eine strengere Forderung als die eigentliche Passivität darstellt und mit dem mathematischen Begriff der monotonen maximalen Operatoren verwandt ist [25].

Es ist zweckmäßig, neben der Robustheit des Algorithmus noch einen allgemeineren Robustheitsbegriff einzuführen, nämlich den der *Robustheit des Integrationsverfahrens*. Wir nennen ein Verfahren zur numerischen Integration partieller Differentialgleichungen *robust*, wenn einerseits die in Abschnitt 2.2 besprochene numerische Stabilität auf die dort angedeutete Weise gesichert werden kann, andererseits der sich ergebende Algorithmus in dem soeben besprochenen Sinne robust ist. Beide Aspekte sind durchaus miteinander verwandt, denn, wie ebenfalls bereits angedeutet, ist für beide der Begriff der Passivität und damit derjenige einer mehrdimensionalen Ljapunow-Funktion ein entscheidendes Hilfsmittel zur Sicherstellung der gewünschten Eigenschaften.

## 2.4 Variable Parameter, Randbedingungen

Da das Verfahren voll lokal arbeitet, lassen sich beliebige *Variationen* der *charakteristischen Parameter* sowie beliebige *Randverläufe* und *Randbedingungen* berücksichtigen. Selbstverständlich ist auch hier die erzielbare Genauigkeit von der Dichte des benutzten Abtastgitters und seiner Orientierung abhängig. Für viele physikalische Probleme kann die Modellierung auf direkte Weise erfolgen, nämlich dadurch, daß die charakteristischen Parameter entsprechend variiert werden (siehe auch Abschnitt 3.8). In anderen Fällen hingegen ist eine verfeinerte Vorgehensweise erforderlich. Einzelheiten hierüber müssen noch genauer ausgearbeitet werden, doch wird auf einige hiermit zusammenhängende Fragen kurz in Abschnitt 3.6 eingegangen.

## 2.5 Approximation im Spektralbereich

Um die Diskretisierung der Differentialoperatoren vorzunehmen, wird grundsätzlich die *Trapezregel* benutzt. Dieser entspricht im Frequenzbereich eine Tangens-hyperbolicus-Transformation der jeweils entsprechenden komplexen Frequenz (wobei im Sinne der digitalen Signalverarbeitung das Wort Frequenz als Sammelbegriff für die klassischen Begriffe Frequenz und Wellenzahl benutzt wird). Eine solche Transformation hat die wichtige Eigenschaft, daß die rechte komplexe Ebene wiederum in die rechte Ebene, die linke in die linke Ebene, und die imaginäre Achse auf die imaginäre Achse abgebildet werden. Dies hat im Zusammenhang mit der mehrdimensionalen Passivität entscheidende Vorteile.

Die Benutzung spektraler Betrachtungen läuft in der Tat implizit darauf hinaus, Fourier- bzw. Laplacetransformationen einzusetzen, also die Reihenfolge der zugehörigen Integrale und der auftretenden Differentialoperatoren zu vertauschen. Dies ist häufig keineswegs erlaubt, wohl aber, wenn strenge Stabilitätseigenschaften vorliegen, wie sie etwa durch mehrdimensionale Passivität erreicht werden. So ist ja schon für lineare eindimensionale Systeme bekannt, daß das Ausgangsspektrum nur dann gleich dem Eingangsspektrum multipliziert mit der Übertragungsfunktion ist, wenn das System streng stabil ist (wobei allerdings durch eine geeignete Modifikation eine Verallgemeinerung auf den grenzstabilen Fall möglich ist).

Aus dem Gesagten folgt, daß es jetzt möglich wird, einer guten *Spektralapproximation* eine *mathematisch sinnvolle Interpretation*, also ihre volle Bedeutung, zukommen zu lassen. Eine gute Approximation über dem relevanten Spektralbereich bedeutet dann insbesondere, daß eine gute Approximation über alle Zeiten und Entfernungen hinweg erzielt wird. Speziell gilt, daß eine gute Spektralapproximation bei tiefen Frequenzen eine im Mittel gute Approximation bei großen Zeiten und Entfernungen bewirkt.

## 2.6 Steife Systeme

Im Falle *steifer Systeme* kann von der strengen Anwendung der Trapezregel auf geeignete Weise abgewichen werden. Besitzt das System überschüssige Dissipation, so läßt sich aus dieser entnehmen, wie eine Verbesserung der Spektralapproximation erzielt werden kann, ohne daß die erwähnte strenge Stabilität verletzt wird.

## 3. Herleitung des Verfahrens und weitere Aspekte

Im folgenden werden die wesentlichen Schritte bei der Herleitung des Verfahrens sowie einige weitere Aspekte kurz erläutert.

### 3.1 Benutzung der ursprünglichen Differentialgleichungen als Ausgangsbasis

Damit die speziellen Eigenschaften, denen physikalische Systeme unterliegen, auch voll genutzt werden können, ist es wichtig, daß von dem *ursprünglichen System partieller Differentialgleichungen* ausgegangen wird. Eine Elimination abhängiger Variablen darf also nicht vorgenommen werden. Zwar folgen die durch solche Elimination erhaltenen Differentialgleichungen eindeutig aus den ursprünglichen, doch stimmt das Umgekehrte i. a. nicht oder aber nur dann, wenn besondere zusätzliche Aspekte berücksichtigt werden.

Eliminationen der angesprochenen Art werden häufig vorzugsweise dazu benutzt, eine einzige Differentialgleichung in nur einer Variablen zu erhalten. Solch eine globale Differentialgleichung spiegelt aber nicht mehr die Details der benötigten Passivität wider. Dies ist weitgehend die gleiche Situation wie bei Charakterisierung eines Systems durch eine Übertragungsfunktion. Diese kann sehr wohl eine *äußere* (externe) *Passivität,* also eine Passivitätseigenschaft zwischen Eingang und Ausgang, beinhalten, doch wird hierdurch keineswegs auch die gewünschte *innere* (interne) *Passivität* sichergestellt, also die Passivität aller elementaren Bestandteile. Jede Übertragungsfunktion eines intern passiven Systems kann in der Tat auch durch ein System realisiert werden, das aktive Komponenten enthält.

### 3.2 Koordinatentransformation

Zur Herleitung des Verfahrens ist es zweckmäßig, zunächst die Zeit unter Verwendung eines Hilfsparameters, der die Dimension einer Geschwindigkeit hat und keineswegs konstant sein muß, in eine Koordinate mit der Dimension einer Länge umzuwandeln. Das so entstandene gesamte Koordinatensystem, das also die neue Zeitvariable und die ursprünglichen Raumkoordinaten umfaßt, wird dann einer *Koordinatentransformation,* und zwar vorzugsweise einer *Drehung* [1, 3], unterworfen. Diese Transformation sollte u. a. so gewählt werden, daß die Richtung der Hauptdiagonalen des neuen Koordinatensystems mit der Richtung der früheren Zeitachse übereinstimmt.

Wird nun der erwähnte Hilfsparameter hinreichend groß gewählt, so lassen sich, wenn das ursprüngliche System endliche Ausbreitungsgeschwindigkeit besitzt und im physikalischen Sinne kausal ist, die erhaltenen Differentialgleichungen als Beschreibung eines *mehrdimensional kausalen* Systems interpretieren. War insbesondere das ursprüngliche System *physikalisch passiv,* so erhält man auf diese Weise sogar die Interpretation als *mehrdimensional passives* System [9].

### 3.3 Mehrdimensional passive Kirchhoffsche Schaltung

Um zumindest auf hinreichende Weise zu erkennen, ob die durch die Koordinatentransformation erhaltenen Gleichungen tatsächlich ein mehrdimensional passives System beschreiben, ist es zweckmäßig, zunächst eine Darstellung mittels einer *mehrdimensionalen Kirchhoffschen Schaltung* zu gewinnen, also mittels einer graphisch-analytischen Beschreibungsweise, die weitestgehend derjenigen entspricht, die aus der klassischen elektrischen Schaltungstheorie bekannt ist. In Übereinstimmung hiermit treffen wir die Vereinbarung, daß wir von den Feldgrößen (abhängigen Variablen), die in einer mehrdimensionalen Kirchhoffschen Schaltung auftreten, die einen als *Spannungen,* die anderen als *Ströme* bezeichnen. Die tatsächlichen physikalischen Größen sind natürlich meist keineswegs Spannungen und Ströme, sondern elektrische und magnetische Feldstärken, Geschwindigkeiten, Drücke, Dichten, Kraftdichten usw., also Größen, die von allen Raumkoordinaten und der Zeit abhängen. Die *Elemente,* aus denen mehrdimensionale Kirchhoffsche Schaltungen bestehen, sind von gleicher allgemeiner Art wie diejenigen in konventionellen passiven elektrischen Schaltungen. So stellt etwa eine Induktivität einen Zusammenhang her zwischen einer als Strom und einer als Spannung bezeichneten Größe, und zwar mittels eines Differentialoperators. Dieser ist allerdings jetzt ein partieller Differentialoperator in einer beliebig vorgeschriebenen Richtung des Raum-Zeit-Kontinuums.

Weiterhin fordern wir, daß die als Spannungen und Ströme bezeichneten Größen der *Kirchhoffschen Spannungsregel* bzw. der *Kirchhoffschen Stromregel* genügen. Eine korrekte Darstellung mit Hilfe einer mehrdimensionalen Kirchhoffschen Schaltung setzt also voraus, daß bei Berücksichtigung aller durch die Schaltung implizierter Beziehungen ein Gleichungssystem erhalten wird, das mit den ursprünglichen partiellen Differentialgleichungen äquivalent ist. Da aus der Gültigkeit der Kirchhoffschen Regeln die Erhaltung der Leistung folgt [26], ist die mehrdimensionale Passivität der Schaltung sichergestellt, sobald die Elemente mehrdimensional passiv sind. Letzteres wiederum läßt sich leicht aus der Positivität gewisser Parameter folgern, und zwar auch im nichtlinearen Fall [9]. Freilich erfordert die Sicherstellung der Positivität der zu berücksichtigenden Parameter, daß der in Abschnitt 3.2 erwähnte Hilfsparameter hinreichend groß gewählt wird.

Man beachte, daß es sehr viel schwerer wäre, eine Darstellung durch eine mehrdimensional passive Kirchhoffsche Schaltung zu finden, wenn zuerst die in Abschnitt 3.1 genannten Eliminationen ausgeführt worden wären. Dies unterstreicht die Bedeutung der in Abschnitt 3.1 gegebenen Erläuterungen.

Statt mit Hilfe einer Koordinatentransformation läßt sich das Verfahren auch auf einem in gewissem Sinne direkten, wenngleich auch eigentlich umständlicheren Wege herleiten [2].

## 3.4 Diskretisierung der unabhängigen Variablen

Die *Diskretisierung* der unabhängigen Variablen, also die Festlegung eines geeigneten *Raum-Zeit-Gitters,* kann jetzt auf einfache Weise erfolgen. Sie geschieht vorzugsweise dadurch, daß in dem transformierten Koordinatensystem eine gleichförmige Abtastung vorgenommen wird, daß also entlang der neu erhaltenen Koordinatenachsen in gleichen Abständen Markierungen angebracht werden [3].

Wenn die Koordinatentransformation eine einfache Drehung gewesen ist, so führt dies im eigentlichen Raumbereich zu einer besonders günstigen Abtastung. Im Falle eines üblichen vierdimensionalen Problems (drei Raumkoordinaten und die Zeit) führt es z. B. im eigentlichen dreidimensionalen Raum zu einem *kugel-*

*dichtesten Gitter*, d. h. zu einem Gitter, dessen *Knoten* den Zentren einer kugeldichtesten Packung entsprechen. Genauer gesagt entstehen zunächst sogar vier kugeldichteste Gitter, die gegeneinander versetzt sind und im Mittel wiederum ein kugeldichtestes Gitter, jedoch mit viermal größerer Packungsdichte, ergeben. Man kann diese vier Teilgitter entweder beibehalten oder sie zu zwei oder gar nur einem einzigen Gitter zusammenfassen [5].

Man kann bei der Koordinatentransformation auch mehr neue Koordinaten einführen als ursprünglich vorhanden waren, was einer Einbettung in einen höherdimensionalen Raum entspricht. Daß dann bei wiederum gleichförmiger Abtastung aller neuen Koordinaten eventuell ein gleicher Punkt auf mehrfache Weise, also mit unterschiedlichen zulässigen Koordinatenwerten, bestimmt werden kann, ist nicht störend. Der Vorteil einer solchen Einbettung besteht darin, daß dann Gitter erhalten werden können, die einfacher zu visualisieren und daher auch einfacher zu handhaben, also zu programmieren sind. Dies wird um den Nachteil einer geringeren Effizienz und einer ebenfalls geringeren Genauigkeit erreicht.

In allen Fällen gilt jedoch, daß der zu Anfang von Abschnitt 3.2 und später in Abschnitt 3.3 genannte Hilfsparameter mit der Dimension einer Geschwindigkeit jetzt im wesentlichen dem Verhältnis von räumlichem zu zeitlichem Gitterabstand entspricht.

### 3.5 Diskrete mehrdimensional passive Kirchhoffsche Schaltung

Durch die in Abschnitt 3.2 besprochene Transformation wird zunächst ein mehrdimensional passives System im Bereich der kontinuierlichen Koordinaten erhalten. Durch die mit Hilfe der Trapezregel erfolgte Diskretisierung (vgl. Abschnitt 2.5) sowie unter Benutzung geeigneter weiterer Definitionen wird dieses kontinuierliche mehrdimensional passive System in ein *diskretes mehrdimensional passives System* transformiert, das seinerseits durch eine *diskrete mehrdimensional passive Kirchhoffsche Schaltung* dargestellt werden kann. In einer solchen Schaltung haben die als Spannungen und Ströme bezeichneten Größen die gleiche Bedeutung, wie in Abschnitt 3.3 erläutert, und sollen auch wieder den Kirchhoffschen Regeln genügen. Auch die Elemente sind wieder vom gleichen Typ wie zuvor, jedoch sind in allen Beziehungen, die Differentialoperatoren enthielten, diese durch geeignete Differenzenoperatoren zu ersetzen. Diese sind selbstverständlich *partielle Differenzenoperatoren*, nämlich Differenzenoperatoren, die Verschiebungen in der Richtung des jeweils zugeordneten Differentialoperators bewirken.

Unter Benutzung geeigneter Definitionen kann jetzt der diskreten mehrdimensional passiven Kirchhoffschen Schaltung eine *vektorielle gespeicherte Energie* zugeordnet werden. Aus dieser ergibt sich dann unmittelbar die gewünschte *mehrdimensionale Ljapunow-Funktion*.

### 3.6 Weitere Transformationen

Zusätzlich zu den bisher besprochenen Transformationen können noch *weitere*, und zwar üblicherweise nichtlineare *Transformationen* benutzt werden. Hierdurch können Verbesserungen für spezielle Situationen erzielt werden, z. B. bei stark variierenden Parametern oder bei kritischen Gegebenheiten am Rand. Solche Transformationen können die unabhängigen und/oder die abhängigen Variablen betreffen. Wenn sie die unabhängigen Variablen betreffen, so führt dies, wenn in den neuen Koordinaten gleichförmig abgetastet wird, auf nichtgleichförmige Abtastung in den ursprünglichen Koordinaten, was z. B. zur besseren Nachbildung des Randverlaufs von Nutzen ist [23]. Solche nichtgleichförmige Abtastung kann allerdings auch ohne voraufgehende Koordinatentransformation erzielt werden. Einzelheiten hierüber werden untersucht.

### 3.7 Verwendung von Wellengrößen

Nach Benutzung der Trapezregel erhält man zunächst Gleichungen, die eine implizite Formulierung des anschließend zu lösenden numerischen Problems darstellen. Um die ausschlaggebenden Aspekte der Passivitätseigenschaften auf den Algorithmus zu übertragen, ist es andererseits erforderlich, gewisse Details dieser Gleichungen beizubehalten. Selbst im linearen Fall ist es daher nicht erlaubt, die fehlende Rekursierbarkeit dadurch zu umgehen, daß die relevanten Gleichungen so invertiert werden, daß sich ein expliziter Prozeß ergibt. Diese Schwierigkeit läßt sich jedoch ausräumen, indem die ursprünglichen Feldgrößen durch sogenannte *Wellengrößen*, kurz auch einfach *Wellen* genannt, ersetzt werden, wie sie aus der *Theorie der Streuparameter* (*Streumatrix* usw.) bekannt sind [26]. Im Bereich der digitalen Signalverarbeitung beruhen ja gerade auch die Wellendigitalfilter auf diesem Prinzip, so daß in großem Umfang auf die hierzu vorhandene Literatur zurückgegriffen werden kann [13].

Die erwähnte Nichtrekursierbarkeit hängt eigentlich damit zusammen, daß in einem physikalischen System die Feldgrößen jeweils paarweise auftreten und daß zwischen den beiden Feldgrößen eines solchen Paars kein allgemeiner Kausalzusammenhang besteht. Außer in einigen besonderen Fällen läßt es sich nicht ausmachen, welche der beiden Größen grundsätzlich die Ursache und welche die Wirkung ist. Bei den Wellengrößen ist dies anders, denn dort läßt sich z. B. zwischen einer einfallenden und einer reflektierten oder übertragenen Welle unterscheiden. Dieser Kausalzusammenhang, also diese Beziehung zwischen Ursache und Wirkung, die durch die Verwendung der Wellengrößen erhalten wird, ermöglicht es, im diskreten Bereich eine Aussage über die *Realisierbarkeit* zu treffen und folglich eine sequentielle Anordnung der arithmetischen Operationen und somit einen eigentlichen Algorithmus zu finden.

Als Wellengrößen kommen sowohl *Spannungswellen* als auch *Leistungswellen* in Frage. Um dies zu erläutern, betrachten wir die beiden komplementären Feldgrößen, also Spannung u und Strom i, die einem Zweig einer Kirchhoffschen Schaltung zugeordnet sind (vgl. Abschnitt 3.3). Einem solchen Zweig entspricht ein sogenanntes Tor, also ein Klemmenpaar, zwischen dessen beiden Klemmen die Spannung u anliegt und in dessen eine Klemme der Strom i hineinfließt und aus dessen anderer Klemme der gleiche Strom i herausfließt. Außerdem wird einem Tor ein sogenannter *Torwiderstand* R > 0 zugeordnet, der im Prinzip frei wählbar ist, in der Praxis jedoch so gewählt werden sollte oder muß, daß sich günstige Verhältnisse ergeben. Die beiden Leistungswellen a und b werden dann durch

$$a = \frac{(u+Ri)}{2\sqrt{R}}, \qquad a = \frac{(u-Ri)}{2\sqrt{R}},$$

also gemäß

$$u = (a+b)\sqrt{R}, \qquad i = (a-b)/\sqrt{R},$$

festgelegt, und die entsprechenden Spannungswellen a' und b' durch

$$a' = a\sqrt{R}, \qquad b' = b\sqrt{R}.$$

Weiterhin läßt sich eine *Energiedichte* definieren, also eine Energie je Volumeneinheit des vollständigen betrachteten Koordinatensystems (also etwa desjenigen, das nach der in Abschnitt 3.2 besprochenen Koordinatentransformation erhalten worden ist). Solch eine Energiedichte können wir als *mehrdimensionale Leistung* auffassen. Die über das Tor übertragene mehrdimensionale Leistung ist durch

$$ui = a^2 - b^2 = (a'^2 - b'^2)/R$$

gegeben.

Einem Tor wird somit auch eine Richtung zugeordnet, nämlich die *Referenzrichtung* für den Energiefluß. Entsprechend werden die Wellen a und a' als in dieser Referenzrichtung fließend aufgefaßt und die Wellen b und b' als in entgegengesetzter Richtung fließend. Wenn insbesondere geeignete Bedingungen vorliegen, können die Wellen a und a' als einfallend, die Wellen b und b' jedoch als reflektiert aufgefaßt werden. Die Wellen a' und b' haben die gleiche Dimension wie u, also wie die als Spannung aufgefaßte ursprüngliche Größe, während die

Wellen a und b die Dimension der Wurzel aus einer mehrdimensionalen Leistung haben. Hieraus werden auch die Bezeichnungen Spannungswellen bzw. Leistungswellen verständlich. Neben Leistungs- und Spannungswellen ließen sich offensichtlich auch Stromwellen definieren, doch würde sich auf diese Weise nichts wesentlich Neues erreichen lassen.

Der Torwiderstand R eines Tors braucht keineswegs konstant zu sein, sondern kann z. B. eine Funktion der Feldgrößen u und i sein, die zum gleichen Tor gehören. Allgemeiner kann er jedoch von irgendwelchen anderen Feldgrößen, die in der Schaltung auftreten, abhängen (und zumindest im Prinzip auch explizit von den unabhängigen Größen, also den Koordinaten), was bei der Behandlung nichtlinearer Probleme wie z. B. der fluiddynamischen Gleichungen der Fall ist.

Leistungswellen haben den Vorteil, daß sie sogar dann zu mehrdimensional passiven diskreten Systemen führen, wenn das System nicht konstant und/oder es sogar nichtlinear ist. Spannungswellen jedoch haben den Vorteil, daß sie einen deutlich geringeren arithmetischen Aufwand benötigen. Allerdings führen sie zunächst nur bei linearen konstanten Systemen zu mehrdimensional passiven Lösungen, unter Benutzung gewisser Kunstgriffe (vgl. Abschnitt 3.6) jedoch auch bei einigen linearen Systemen mit variablen Parametern. Da zwischen Spannungs- und Leistungswellen ein einfacher Zusammenhang besteht, ist es sinnvoll, in einem Algorithmus soweit wie möglich Spannungswellen zu benutzen, den Übergang auf Leistungswellen also nur dort vorzunehmen, wo dies unumgänglich ist.

Bei nichtlinearen partiellen Differentialgleichungen wie denen der Fluiddynamik beinhaltet der vorhin erwähnte Algorithmus allerdings immer noch das Lösen *nichtlinearer algebraischer Gleichungen*. Bei Verwendung von Spannungswellen, also bei Inkaufnahme des Verlustes der mehrdimensionalen Passivität, sind diese Gleichungen explizit lösbar. Dies gilt nicht mehr bei Verwendung von Leistungswellen. Das Vorliegen voller Lokalität bedeutet aber, daß das Lösen der algebraischen Gleichungen sich jeweils nur auf einen einzigen Gitterknoten bezieht. Es sind dann in jedem Knoten zwar z. B. vier bis fünf solche Gleichungen in entsprechend vielen Variablen zu lösen, doch sind die zwei unterschiedlichen Knoten zugeordneten Gleichungen völlig voneinander entkoppelt.

*3.8 Weitere Vorteile der Benutzung von Wellengrößen*

Die Verwendung von Wellengrößen bringt auch andere wichtige Vorteile mit sich. Dies gilt zunächst für die Vorschriften, die für die ständig durchzuführenden *Reformatierungen* beachtet werden müssen, damit die Robustheit des Algorithmus sichergestellt werden kann. Diese Vorschriften wären im Falle der ursprünglichen Feldgrößen nämlich ziemlich komplex und dadurch schwer handhabbar, sie ergeben sich jedoch als denkbar einfach, wenn die in Abschnitt 3.5 erwähnte Ljapunow-Funktion durch die Wellengrößen ausgedrückt wird. Im wesentlichen laufen sie darauf hinaus, Überlaufkorrekturen an geeigneten Stellen des Algorithmus (die jedoch meist nicht etwa einfach mit den Ausgängen der Multiplizierer übereinzustimmen brauchen) vorzunehmen, und zwar vorzugsweise gemäß einer Sättigungskennlinie. Die Korrektur der geringstwertigen Stelle sollte am besten gemäß einfachem Runden erfolgen [16].

Ein weiterer Vorteil bezieht sich auf den Fall variabler charakteristischer Parameter und die damit zusammenhängende Berücksichtigung von *Randbedingungen*. Unter idealen Bedingungen können solche Parameter ja durchaus extremen Änderungen unterworfen sein und insbesondere unendlich groß werden. Letzteres verursacht bei Verwendung von Wellengrößen keine Schwierigkeiten, denn statt der ursprünglichen Parameter treten jetzt Koeffizienten auf, die eine enge Verwandtschaft zu den Einträgen von Streumatrizen besitzen. Bei passiven Systemen sind die Beträge dieser Einträge aber auf eindeutige Weise beschränkt (meist durch die Werte 1/2, 1 oder 2 [13]).

### 3.9 Variable Abtastgitter

Prinzipiell braucht das Abtastgitter nicht konstant zu sein. Ein variables Gitter sollte jedoch vorzugsweise unter Beachtung der Regeln gestaltet werden, die in der digitalen Signalverarbeitung aus der Theorie der *Mehrratensysteme* bekannt sind. Insbesondere sollen Abtastratenänderungen soweit möglich auf einfache Weise erfolgen, also etwa derart, daß zusätzliche Punkte sich gleichförmig in das vorige Raster einfügen. Unregelmäßige Verteilung der Gitterknoten sollte nur verwendet werden, wenn dies unbedingt erforderlich erscheint (vgl. auch Abschnitt 3.6). Auch sollte es sich nach Möglichkeit nur um *Dislokationen* gegenüber den ursprünglich vorgesehenen Positionen handeln. Praktische Erfahrungen hierzu liegen noch nicht vor und Details müssen noch ausgearbeitet werden.

### 3.10 Zugängige Aufgabengebiete

Wie betont, ist das Verfahren zunächst nur auf Probleme mit endlicher Ausbreitungsgeschwindigkeit (hyperbolische Gleichungen) anwendbar. Auf partielle Differentialgleichungen mit parabolischem Charakter wird es anwendbar, wenn diese Gleichungen in hyperbolische umgewandelt werden, indem sie um einen Term ergänzt werden, wie er aus zwingenden physikalischen Gründen eigentlich ohnehin hätte vorhanden sein müssen, aus Gründen der Einfachheit jedoch vernachlässigt worden war. Die Notwendigkeit hierzu kann sich auch in Fällen ergeben, wo dies zunächst nicht unmittelbar erkennbar ist. Ein Beispiel hierfür sind die Gleichungen eines kompressiblen Fluids. Während im viskositätsfreien Fall die Euler-Gleichungen nur endliche Ausbreitungsgeschwindigkeit zulassen, beinhalten die Viskositätsterme in den Navier-Stokes-Gleichungen auch Ausbreitungsvorgänge mit unendlicher Geschwindigkeit. Die Viskositätsterme bedürfen also auf jeden Fall einer geeigneten, Zeitableitungen beinhaltenden Ergänzung.

Bei *Gleichgewichtsproblemen (elliptische Gleichungen)* ist das Verfahren dann anwendbar, wenn man den Gleichgewichtszustand als Endprodukt eines dynamischen Vorgangs mit endlicher Ausbreitungsgeschwindigkeit betrachtet. Man kann dann auf eine Weise vorgehen, die einem *natürlichen Relaxationsverfahren* entspricht. In der Tat kann man zunächst ein sehr grobes Gitter wählen und auf diesem das System nach Wahl von Startwerten zur Ruhe kommen lassen. Anschließend verfeinert man das Gitter, bestimmt für die neu hinzugekommenen Gitterpunkte durch einfache Interpolation Startwerte und läßt das System erneut auf den Ruhezustand einschwingen usw. Offensichtlich kann ein solches Verfahren auch als eine Art *Mehrgitterverfahren* aufgefaßt werden.

Selbstverständlich muß hierbei das System verlustbehaftet sein, damit ein Einschwingen überhaupt erfolgen kann. Um das Einschwingen zu beschleunigen, dürfen die Verluste weitaus größer sein, als was üblicherweise physikalisch der Fall wäre. Wichtig ist jedoch, daß die Teile, die die Verluste erzeugen, so gelagert sind, daß sie keine Einflüsse mehr ausüben, wenn der gesuchte Gleichgewichtszustand erreicht ist. Somit ist sogar das Einbringen von Verlusten zulässig, die physikalisch gar nicht vorhanden sein können, solange nur gesichert ist, daß dadurch der Endzustand nicht verändert wird. Wenn wir als Beispiel ein elektrostatisches Problem betrachten, wäre es also nicht nur zulässig, elektrischen Widerstand in die leitenden Körper einzubringen, sondern wir dürfen auch eine Art magnetischen Widerstand im Dielektrikum annehmen, also eine Materialeigenschaft, die Dissipation nur unter Einfluß eines Magnetfeldes erzeugt, nicht jedoch unter Einfluß eines elektrischen Feldes. Dies läßt sich durch eine einfache Modifikation der Maxwellschen Gleichungen erreichen.

### 3.11 Berechnung des eingeschwungenen Zustands

Offensichtlich treffen auch auf das neue Verfahren alle Aspekte und Eigenschaften zu, die generell für Zeitbereichsverfahren gelten. Als Beispiel sei die Möglichkeit genannt, die *eingeschwungenen Zustände* bei sinusförmigen Erregungen mit unterschiedlichen Frequenzen dadurch zu berechnen, daß man das (selbstverständlich lineare) System mit einem bekannten breitbandigen Signal anregt (im einfachsten Fall mit einem Impuls) und die an den gewünschten Stellen auftretenden Antwortsignale einer *schnellen Fouriertransformation* (FFT) unterzieht. Andere Verfahren zur vereinfachten Berechnung des eingeschwungenen Zustands sind z. B. unter Berücksichtigung von Prinzipien möglich, wie sie in Abschnitt 3.10 zur Behandlung von Gleichgewichtsproblemen erwähnt worden sind.

## 3.12 Anwendbarkeit des Verfahrens

Die prinzipielle Anwendbarkeit des Verfahrens ist bereits für eine Vielzahl von Problembereichen nachgewiesen worden. *Numerisch* wurde es auf einfache Probleme der *Akustik*, der *Elektrodynamik* (Maxwellsche Gleichungen), der *Balkenbiegung* (Timoshenko-Gleichungen) und der *Fluiddynamik* angewendet. Die Anwendung auf weitere Probleme ist in Vorbereitung.

Das Verfahren dürfte vor allem dann Vorteile bieten, wenn es sich um kritischere Aufgaben handelt. Ein einfaches Beispiel dieser Art ist die erwähnte Balkenbiegung. Besonders interessant dürfte sein, daß es auch auf die nichtlinearen Gleichungen der Fluiddynamik anwendbar ist. Offensichtlich wäre es sehr gut als Grundlage für den Bau *spezieller*, also auf die Lösung bestimmter Problemklassen zugeschnittener *Parallelrechner* geeignet.

## 3.13 Aktive Systeme

Bisher haben wir stets vorausgesetzt, daß das ursprüngliche System uneingeschränkt passiv war. Tatsächlich gibt es aber wichtige physikalische Systeme, die *aktiv* sind. Grundsätzlich bleibt das Verfahren auch auf diese anwendbar, solange jedenfalls die Ausbreitungsgeschwindigkeit endlich ist. Die Robustheit kann freilich für den aktiven Teil eines solchen Systems nicht mehr sichergestellt werden. Dennoch sind folgende Überlegungen von Bedeutung:

In technischen Systemen gilt weitestgehend, daß aktive Teile nicht entfernt mit der gleichen Genauigkeit realisiert werden können wie passive Teile. Andererseits sind in aktiven Systemen auch immer in erheblichem Umfang passive Teile enthalten. Teils bewußt, teils vielleicht auch unbewußt behilft man sich daher auf solche Weise, daß alles das, was den präzisen Ablauf des Geschehens festlegt, durch die passiven Teile bestimmt wird. Mit anderen Worten, auf ein präzises Verhalten der aktiven Teile kommt es in solchen Systemen nicht an. (Beispiele hierfür sind etwa elektronische Gegenkopplungsverstärker, Verbrennungsmotoren und Fusionsreaktoren nach dem Tokomakprinzip.) Daraus folgt, daß es bei der Modellierung aktiver Systeme darauf ankommt, daß die passiven Teile mit hoher Genauigkeit, also auch mit einem hohen Maß an Robustheit, erfaßt werden, während für die aktiven Teile die Anforderungen weniger streng sind. Folglich müßte das Verfahren auch in solchen Fällen sehr vorteilhaft eingesetzt werden können.

*Literatur*

[1] A. Fettweis, „New results in wave digital filtering", Proceedings, URSI International Symposium on Signals, Systems, and Electronics, Erlangen, S. 17–23, Sept. 1989.
[2] A. Fettweis, G. Nitsche, „Numerical integration of partial differential equations using principles of multidimensional wave digital filters", Journal of VLSI Signal Processing, Bd. 3, S. 7–24, 1991.
[3] A. Fettweis, G. Nitsche, „Transformation approach to numerically integrating PDEs by means of WDF principles", Multidimensional Systems and Signal Processing, Bd. 2, S. 127–159, Mai 1991.
[4] A. Fettweis, G. Nitsche, „Massively parallel algorithms for numerical integration of partial differential equations" in „Algorithms and Parallel VLSI Architectures" hrsgg. von E. F. Deprettere und A.-J. van der Veen), Bd. B: Proceedings, S. 475–484, Elsevier Science Publishers, Amsterdam, 1991.
[5] A. Fettweis, „Multidimensional wave digital filters for discrete-time modelling of Maxwell's equations", International Journal of Numerical Modelling, Bd. 5, S. 183–201, 1992.
[6] A. Fettweis, „The role of passivity and losslessness in multidimensional digital signal processing – new challenges", Proceedings, IEEE International Symposium on Circuits and Systems, Singapore, Juni 1991, S. 112–115.
[7] A. Fettweis, „Discrete modelling of lossless fluid dynamic systems", Archiv für Elektronik und Übertragungstechnik, Bd. 46, S. 209–218, 1992.
[8] A. Fettweis, „Discrete modelling of viscous fluids" Proceedings, IEEE International Symposium on Circuits and Systems, San Diego, CA, USA, S. 1640–1643, Mai 1992.
[9] A. Fettweis, „Discrete passive modelling of physical systems described by PDEs", Proceedings, 6th European Signal Processing Conference (EUSIPCO-92), Brüssel, Belgien, August 1992 („Signal Processing VI, Theories and Appliciations" hrsgg. von J. Vandewalle, R. Boite, M. Moonen, A. Oosterling, Elsevier Science Publishers, Amsterdam, Niederlande, 1992), Bd. I, S. 55–62.
[10] G. Nitsche, „Numerische Lösung partieller Differentialgleichungen mit Hilfe von Wellendigitalfiltern", Dissertation, Ruhr-Universität Bochum, Mai 1993.
[11] N. K. Bose, „Applied multidimensional systems theory", Van Nostrand Reinhold, New York, 1982.
[12] A. Fettweis und S. Basu, „New results on stable multidimensional polynomials – Part I: continuous case", IEEE Transactions on Circuits and Systems, Bd. CAS-34, S. 1221–1232, Oktober 1987.
[13] A. Fettweis, „Wave digital filters: theory and practice", Proceedings IEEE, Bd. 74, S. 270–327, Feb. 1986.
[14] X. Liu, A. Fettweis, „Multidimensional digital filtering by using parallel algorithms based on diagonal processing", Multidimensional Systems and Signal Processing, Bd. 1, S. 55–66, 1990.
[15] Xiaojian Liu, „Massiv parallele Signalverarbeitung mit multidimensionalen rekursiven Digitalfiltern, insbesondere Wellendigitalfiltern", Dissertation, Ruhr-Universität Bochum, Bochum, 1991.
[16] A. Fettweis, „On assessing robustness of recursive digital filters", Europ. Transactions on Telecommunications, Bd. 1, S. 103–109, 1990.
[17] A. Fettweis, „On the definition of forced-response stability", Europ. Transactions on Telecommunciations, Bd. 2, S. 63–65, 1991.

[18] H. D. Fischer, „Wave digital filters for numerical integration", ntz-Archiv, Bd. 6, S. 37–40, Feb. 1984.
[19] A. Fettweis, „Passivity and losslessness in digital filtering" Archiv für Elektronik und Übertragungstechnik, Bd. 42, S. 1–8, Jan. 1988.
[20] K. Meerkötter, R. Scholz, „Digital simulation of nonlinear circuits by wave digital filters", Proceedings, IEEE International Symposium On Circuits and Systems, Bd. 1, S. 720–723, Portland, OR, USA, Mai 1989.
[21] K. Meerkötter, T. Felderhoff, „Simulation of nonlinear transmission lines by wave digital filter principles", Proceedings, IEEE International Symposium on Circuits and Systems, Bd. 2, S. 875–878, San Diego, CA, USA, Mai 1992.
[22] Gerald Hemetsberger, „Stability verification of multidimensional Kirchhoff circuits by suitable energy functions", IEEE International Conference on Acoustics, Speech, Signal Processing, Adelaide, Australien, April 1994.
[23] Michael Fries, „Multidimensional reactive elemens on curvilinear coordinate systems and their MDWDF discretization", IEEE International Conference on Acoustics, Speech, Signal Processing, Adelaide, Australien, April 1994.
[24] K. Meerkötter, „Incremental pseudopassivity of wave digital filters", Proceedings, 1st European Signal Processing Conference, S. 27–31, Lausanne, Schweiz, 16.–18. Sept. 1980.
[25] Reinhold Böhme, „The uniqueness of solutions of an initial value problem for the system of Navier and Stokes (I)", zur Veröffentlichung eingereicht.
[26] Vitold Belevitch, „Classical Network Theory", Holden-Day, San Francisco, 1968.

# Diskussion

*Herr Böhme:* Recht oft wird das Chaos bei dynamischen Systemen so definiert, daß in diesem selbst jene Anfangswerte, die nahe beieinander liegen, durch den Prozeß beliebig weit voneinander getrennt werden können. Daß etwas derartiges manchmal passiert, kann man nett so erzählen:

In den Rocky Mountains hat der See „Lake Isa" zwei Abflüsse, einen in den Pazifik und einen in den Atlantik. Woher weiß nun ein Tropfen dort im See, wohin er gehen muß?

Eine derartige Verzerrung des Ergebnisses bei ähnlichen Anfangswerten ist zunächst wie eine Ausnahme, denn man erwartet ja danach wohl eine laminare Strömung, nach Osten wie nach Westen. Aber vielleicht ist ja die weitere Strömung immer noch in vielen Parametern turbulent. Wenn ein Rechner diesen Prozeß simuliert, wie weiß der dann, was er tun muß?

Bei allen Differentialgleichungen in einer völlig passiven Dynamik (d. h. hier für maximal monotone Operatoren) sollten benachbarte Anfangswerte stets irgendwie benachbart bleiben. Dann ist aber nur schwer erklärlich, wie und wo in einer Welt aus solchen passiven Naturgesetzen schließlich ein Chaos entsteht.

*Herr Fettweis:* Ich weiß nicht recht, wie ich Ihnen darauf antworten soll, woher der Tropfen das weiß, denn das geschieht ja auf Grund aller möglicher Zusammenhänge, und da gibt es eine erhebliche Menge Zufall. Ich persönlich nenne gerne ein ähnliches Beispiel wie Sie, um deutlich zu machen, daß Chaos an sich schon immer bekannt war. Überquert man nämlich mit dem Auto die Rocky Mountains, so führte zumindest vor einigen Jahrzehnten die Paßstraße an der höchsten Stelle unter einem breiten Holzbogen hindurch, auf dem mit großen Lettern „Continental Divide" stand. Hiermit sollte auch dem einfachen Bürger klargemacht werden, daß von zwei benachbarten Regentropfen der eine im Atlantik und der andere im Pazifik landen kann. Auf diese Weise wurde jedem deutlich vor Augen geführt, daß kleinste Unterschiede in den Anfangsbedingungen enorme Auswirkungen haben können. Eine solche Feststellung ist also keineswegs eine Entdeckung aus neuerer Zeit, sondern ist seit langem bekannt.

Wenden wir uns jetzt dem Rechner zu. Dieser entscheidet nicht von sich aus, sondern tut exakt das, was der Hersteller der Maschine und der Programmierer ihm vorgeschrieben haben. Das schließt auch die Art und Weise ein, wie Rundungs- und Überlaufkorrekturen vorgenommen werden. Etwas Unvorhersehbares macht er nur dann, wenn Fehler durch äußere Einflüsse induziert werden, etwa durch Alphateilchen.

Die Gefahr des Auftretens solcher unvorhersehbarer Fehler wächst freilich zum einen mit der Anzahl Einzelprozessoren, die in einem Rechner enthalten sind, zum anderen mit der gleichzeitig zunehmenden Miniaturisierung. Wir werden in nicht zu ferner Zukunft Rechner haben, die Millionen Einzelprozessoren enthalten, während die Ladungspakete, durch die die einzelnen Informationsbits gespeichert werden, immer kleiner und damit immer verletzbarer werden. Es gibt Probleme mit solch gigantischen numerischen Anforderungen, daß selbst ein Rechner mit Millionen Einzelprozessoren eventuell wochenlang mit der Erstellung der Lösung beschäftigt sein wird. Die Wahrscheinlichkeit des Auftretens von Störungen, die von außen verursacht sind, ist dann sehr viel größer. Damit entsteht die Frage, wie ein Rechenverfahren gestaltet werden muß, um die Auswirkungen solcher Störungen möglichst klein zu halten. Die entstehenden Fehler dürfen unter keinen Umständen beliebig anwachsen, sondern müssen etwa durch geeigneten Einsatz von Dissipation gedämpft werden.

Auch hierzu leistet das neue Verfahren einen Beitrag. So können wir bei linearen Problemen einfache Vorschriften angeben, wie die Korrektur von Überläufen gestaltet werden muß, damit z. B. chaotische Abläufe ausgeschlossen sind. Wenn allerdings das System wie etwa bei den fluiddynamischen Gleichungen bereits im kontinuierlichen Fall chaotische Abläufe zuläßt, dann können wir dies selbstverständlich auch im diskreten Fall nicht verhindern. Alles andere wäre ja auch schlimm, denn wir würden dann Ergebnisse erhalten, die der Natur widersprächen.

Wir können aber infolge der Robustheit, die ich erwähnt hatte, sagen, daß die Tendenz, physikalisch nicht vorhandenes Chaos durch die Numerik anzufachen, vermutlich so klein wie nur eben möglich ist. Sie können dann – und das ist der Punkt, auf den ich zurückkommen wollte –, wenn Sie numerisch rechnen und dabei Chaos beobachten, weitaus sicherer sein, daß dieses in der Physik begründet liegt und nicht in der Numerik.

*Herr Korte:* Herr Fettweis, ich habe eine Frage und eine Bemerkung.

Zunächst zu meiner Frage: Sie haben gezeigt, daß Sie durch den Wellendigitalfilteransatz Ihre Berechnungen rekursiv berechenbar machen. Können Sie entweder theoretisch oder auch numerisch-empirisch etwas über die Konvergenz der so aufgestellten Algorithmen sagen? Die Robustheit haben Sie ja angesprochen. Es wäre meine Frage, ob etwas dazu zu sagen ist, daß Konvergenz oder Konvergenzrate vielleicht auch nur empirisch beobachtet werden konnte.

Das andere ist eine Bemerkung, und ich tue mich etwas schwer, sie zu machen, weil ich befürchte, daß das für Sie nichts Neues ist. Diesen Ansatz, das als Linearform darzustellen, habe ich ganz woanders gefunden, wo er auch erstaunlich gute Ergebnisse bringt, nämlich in der Mikroelektronik.

Wenn Sie in der Mikroelektronik das Zeitverhalten von kombinatorischer Logik berechnen wollen, dann kann man das ohnehin nicht mit partiellen Differentialgleichungen als geschlossenen Ausdruck aufschreiben, weil da einige Millionen Transistoren involviert sind. Sie können vielleicht den einen oder anderen Transistor genau beschreiben, aber nicht das ganze System. Das heißt, entweder man simuliert das ganze System mit Simulationsläufen in der Art von SPICE oder ASTAP oder aber man macht auch eine Darstellung als Linearform. In diesem Fall betrachtet man das System als rein passives System und macht dann RC-Berechnungen.

Das ist von der formalen Ähnlichkeit her dem frappierend ähnlich, was Sie gesagt haben. Da kann man allerdings sogar etwas über die Güte solcher Approximationen sagen, weil man sie ja dann mit den SPICE-Simulationen vergleichen kann. Bis auf geringe Abweichungen im Promillebereich sind diese Approximationen erstaunlich gut.

Das ist eine Bemerkung, die für den Elektrotechniker möglicherweise nicht neu ist, aber für mich gibt es doch überraschende Ähnlichkeiten zwischen den beiden Betrachtungen.

*Herr Fettweis:* Ich greife den zweiten Punkt zuerst auf. Das Entscheidende ist eben die Passivität. Sie haben einen großen Vorteil, wenn bei der Aufgabe, die Sie zu lösen haben, Passivität im Spiel ist. Und wenn Sie diese Passivität auf den numerischen Algorithmus übertragen können, dann läßt sich diese so nutzen, daß Sie weitgehend gefeit sind gegen Störungen. Hierzu muß allerdings genau vorgeschrieben werden, wie und wo die Rundungs-, Schneide- und Überlaufkorrekturen vorgenommen werden müssen, damit die Passivität und gegebenenfalls auch die inkrementale Passivität im realen Algorithmus erhalten bleiben.

Dies war das Ziel, als ich 1969 den Ansatz der Wellendigitalfilter gemacht habe. Digitalfilter sind ja auch numerische Algorithmen, und die Frage war, wie man diese gestalten muß, um Passivität erhalten und ausnutzen zu können. Aus der klassischen Schaltungstechnik war bekannt, daß geeignet aufgebaute und dimensionierte passive Schaltungen extrem unempfindlich sind gegen Abweichungen der Bauelemente. Um dies im einzelnen zu erläutern, müßte ich sehr viel weiter ausholen und über Erfahrungen berichten, die ich als junger Ingenieur gemacht habe, aber das würde hier zu weit führen. Ein kleiner Hinweis auf die klassische Übertragungstechnik des Fernmeldewesens, nämlich die Trägerfrequenztechnik, möge genügen. Dort hat man Filter gebaut, die nahezu phantastische Eigenschaften hatten, und als normaler Ingenieur mußte man sich fragen, wie es überhaupt möglich war, so etwas stabil zu erzeugen. Die Antwort auf diese Frage liegt in der natürlichen Passivität und Verlustfreiheit der klassischen Filter begründet. Angeregt durch Erfahrungen, die ich diesbezüglich gemacht hatte, hatte ich mir die Aufgabe gestellt, diese grundlegenden physikalischen Eigenschaften in geeigneter Form auf Algorithmen, die Digitalfilter darstellen, zu übertragen.

Was die Ähnlichkeit angeht, von der Sie gesprochen haben, muß ich allerdings darauf hinweisen, daß eine einzelne Schaltung, wie ich sie vorhin im Bild gezeigt habe, das volle System mehrdimensionaler partieller Differentialgleichungen beschreibt. Die in einer solchen Schaltung auftretenden Differentialoperatoren sind meist keineswegs einfache Ableitungen nach der Zeit, sondern sind Ableitungen nach irgendwelchen geeigneten Richtungen im mehrdimensionalen, eigentlich also vierdimensionalen Raum-Zeit-Kontinuum. Entsprechend handelt es sich bei den Widerständen, Kapazitäten usw. in den von mir gezeigten Schaltungen keineswegs um elektrische Elemente im eigentlichen physikalischen Sinne, sondern um abstrakte, ja sogar mehrdimensionale Verallgemeinerungen. Soweit mir die Probleme bei den von Ihnen genannten RC-Strukturen bekannt sind, geht es dort aber um echte Widerstände und Kapazitäten im strengen physikalischen Sinne. Dennoch besteht zwischen beiden Bereichen eine deutliche Verwandtschaft, nämlich über die Passivität.

In diesem Sinne auch eine kurze Stellungnahme zu Ihrer Frage der Konvergenz. Bei dem von mir besprochenen Verfahren geht es ja eigentlich nicht um eine Frage der Konvergenz. Wenn wir etwa ein Wellenausbreitungsproblem haben, dann fließt unter Umständen die Welle unendlich fort. Da braucht im eigentlichen Sinne nichts zu konvergieren. Es geht nur darum, daß wir möglichst genau rechnen, also daß die Ergebnisse, die wir erhalten, möglichst wenig von dem abweichen, was die ursprünglichen Gleichungen im strengen Sinne beinhalten. Genau dies wird durch die Robustheit sichergestellt.

*Herr Suchy:* Bei den hydrodynamischen Gleichungen sagten Sie, daß Sie Schwierigkeiten bekommen, wenn Sie die Viskositätskräfte mit einbeziehen. Ich habe einen Verdacht, woran das liegen könnte, nämlich daran, daß Ihre Materialgleichungen zu einfach sind.

Man hat ein ähnliches Phänomen bei der Wärmeleitungsgleichung festgestellt, wo sich die Wärme unendlich schnell ausbreiten kann, was die Kausalität verletzt. Um das zu beheben, hat man zum Beispiel durch die erweiterte Thermodynamik das Fourier'sche Gesetz für den Wärmestrom verallgemeinert.

Bei Ihnen ist die Gleichung für die beiden Viskositätskoeffizienten – Scherungs- und Volumenviskosität – meines Erachtens etwas zu einfach, so daß möglicherweise die Schwierigkeiten darin liegen könnten. Mehr weiß ich nicht.

*Herr Fettweis:* Das ist genau der Punkt. Wärmeausbreitung, Diffusion oder – im elektrischen Fall – der Skineffekt werden ja durch parabolische Gleichungen beschrieben, und bei diesen ist ein Term, der streng physikalisch gesehen unbedingt notwendig ist, einfach weggelassen worden. Bei der Behandlung der Wärmeausbreitung und der Diffusion tritt dieser bereits bei der Modellbildung nicht in Erscheinung. Beim Skineffekt ist allerdings leicht zu erkennen, was geschehen ist. Man geht ja zunächst von den vollständigen Maxwellschen Gleichungen aus und vernachlässigt darin den die Permittivität enthaltenden Term. Durch die Vernachlässigung eines solchen Terms erhält das System eine unendliche Ausbreitungsgeschwindigkeit, widerspricht damit also einem physikalischen Grundprinip. Dennoch kann eine solche Vernachlässigung zweckmäßig sein, nämlich wenn sich dadurch sinnvolle Vereinfachungen ergeben. Eine solche Vereinfachung liegt auch bei den üblichen Wärme- und Diffusionsgleichungen vor, d. h., auch bei diesen müßte eigentlich ein ergänzender Term hinzugefügt werden, der eine endliche Ausbreitungsgeschwindigkeit bewirkt.

Ich will aber nicht behaupten, daß das neue Verfahren für Gleichungen, die auf die angedeutete Weise ergänzt worden sind, numerisch günstiger ist, als wenn konventionelle Verfahren auf die ursprünglichen, parabolischen Gleichungen angewendet werden. Ich habe nur sagen wollen: Prinzipiell läßt sich das neue Verfahren auch für parabolische Gleichungen einsetzen.

Auch bei den Viskositätsgliedern der Navier-Stokes-Gleichungen fehlen Terme. Ich bin aber kein Fachmann der Fluiddynamik und habe daher auch nicht versucht, spezielle fluiddynamische Überlegungen anzustellen. Ich habe aber allgemeine physikalische Prinzipien, denen passive Systeme gehorchen müssen, benutzt, und daraus die Forderungen hergeleitet, die auf der projizierten Folie standen. Zu diesen Forderungen gehört auch, daß im Grenzfall die klassischen Glieder übrigbleiben müssen.

*Herr Fiebig:* Ich habe dazu zwei kleine Bemerkungen. In den siebziger Jahren gab es eine große Anstrengung der NASA, einen speziellen Computer für die Navier-Stokes-Gleichungen zu bauen, und mir scheint es jetzt mehr so, als ob die großen Verbesserungen und Geschwindigkeiten der Computer dazu geführt haben, daß man eben keine speziellen Computer für spezielle Gleichungen bauen wird. Auch Ihr Ansatz scheint mir zu zeigen, daß er so allgemein ist, daß es gar nicht erstrebenswert ist, so etwas zu tun. Dazu hätte ich gerne eine Äußerung.

Und die zweite Bemerkung möchte ich gleich anschließen. Wir haben ganz, ganz große Schwierigkeiten in der Numerik, wenn wir die Viskosität weglassen. Es ist viel, viel einfacher für uns, die Navier-Stokes-Gleichungen mit Viskosität numerisch zu lösen als ohne. Wir erzeugen also durch unsere Numerik fast immer zusätzlich künstliche Viskosität, um die Numerik stabil zu machen, und bei Ihnen scheint das nicht nötig zu sein.

*Herr Fettweis:* Zuerst zu den Rechnern. Ich bin nicht sicher, ob es unbedingt so sein muß, wie Sie sagen. Früher war der Bau von Spezialrechnern ein ernsthaftes Problem, aber in Zukunft muß dies nicht so sein. Erst jetzt, wo wir die einzelnen Prozessoren so winzig klein machen können, ist es ernsthaft möglich geworden, Massivparallelrechner zu bauen. Selbstverständlich kann man fluiddynamische Gleichungen auf massiv parallelen Universalrechnern lösen, aber mit Spezialrechnern kann man noch deutlich schneller und effizienter sein. Es geht also darum, ob man Aufgaben hat, für die sich der Aufwand des Baus von Spezialrechnern lohnt.

Ich habe gerade vor fünf Wochen auf einem Workshop in den USA, das der mehrdimensionalen digitalen Signalverarbeitung gewidmet war, über das neue Verfahren vorgetragen. Dort hat mich ein Fachmann der Grumman Aircraft Co. angesprochen und mir bestätigt, wie sehr man am Bau von Spezialrechnern für die Aerodynamik interessiert sei.

Bei den fluiddynamischen Gleichungen haben wir es ja mit starken Nichtlinearitäten zu tun. Wenn wir solche Gleichungen etwa mit der Methode der finiten Elemente zu lösen versuchen, erhalten wir ein globales, also riesiges nichtlineares algebraisches Gleichungssystem, das wir invertieren müssen. Auch bei unserem Verfahren können wir freilich die Nichtlinearitäten nicht umgehen, aber sie wirken sich nur lokal aus. Wir bilden ja die Physik nach, und diese fragt nicht das ganze System ab, um zu wissen, was sie an der jeweiligen Stelle tun muß, sondern sie entscheidet lokal.

In der Tat haben wir es in jedem Punkt mit vier abhängigen Größen zu tun, den drei Geschwindigkeiten und dem Druck bzw. der Dichte. Entsprechend müssen wir lokal jeweils vier nichtlineare Gleichungen in vier Unbekannten lösen, aber die zu zwei unterschiedlichen Punkten gehörigen Gleichungen sind voneinander entkoppelt. Wenn wir mit Spannungswellen arbeiten, dann sind die genannten vier nichtlinearen Gleichungen sogar explizit lösbar. Wenn wir aber volle Robustheit erzielen wollen, so müssen wir statt der Spannungswellen Leistungswellen benutzen. Dann ist aber nach unserem jetzigen Wissensstand eine explizite Lösung nicht möglich, sondern nur eine rekursiv-numerische Lösung. In einem Spezialrechner ließe sich dies sehr gut lokal realisieren, und dieses Beispiel läßt die Art der Effizienzsteigerung erkennen, die gegenüber einem Universalrechner erzielbar wäre.

Ihre zweite Frage bezog sich auf Schwierigkeiten in der Numerik, wenn man die Viskosität wegläßt. Mir erscheint dies sehr verständlich und hat eigentlich den gleichen Hintergrund wie das, was Herr Korte mit den RC-Gliedern angedeutet hatte. Viskosität bedeutet ja Dissipativität, und sobald ein System auf geeignete Weise dissipativ ist, klingen Störungen ab. Bei starker Viskosität, also bei kleinen Reynoldszahlen, bleibt das durch den realen Algorithmus beschriebene System auch bei den unvermeidlichen Rechenfehlern insgesamt ausreichend dissipativ. Bei großen Reynoldszahlen jedoch, also in der Nähe der Verlustfreiheit, kann man sich gut vorstellen, daß die unvermeidlichen Rechenfehler das System hinreichend aktiv machen und dadurch nicht mehr tolerierbare Abweichungen zur Folge haben. Das ist zunächst freilich Spekulation, denn wir haben hierzu keine Untersuchungen gemacht. Ich würde aber von unserem neuen Verfahren in dieser Hinsicht Vorteile erwarten, denn wir können auch im verlustfreien Fall sicherstellen, daß durch die Rechenungenauigkeiten kein aktives Verhalten bewirkt wird.

*Herr Vasanta Ram:* Meine Frage ist in gewissem Sinne eine Fortsetzung unserer in Bochum geführten Gespräche. Ich habe auch mehrmals mit Ihren Studenten und Assistenten darüber diskutiert. Sie haben in Ihrem Vortrag deutlich festgestellt, daß Akustik in dem Problem enthalten ist.

*Herr Fettweis:* Die von mir genannte Bedingung läuft ja letztlich stets darauf hinaus, daß das Verhältnis von räumlicher zu zeitlicher Schrittweite mindestens gleich einer bestimmten Größe sein muß. Diese hängt in gewissem Sinn auch vom akustischen Verhalten ab, nämlich u.a. von einer Größe, die gleich der Wurzel aus dem Quotienten eines Drucks und einer Dichte ist.

*Herr Vasanta Ram:* Aus irgendwelchem Grunde haben Sie in Ihrer Betrachtung den Fall konstanter Dichte ausgeschlossen. Gerade für die Wellen, die in der Strömungsmechanik von großem Interesse sind – ein Beispiel dafür sind ja die Wellen, die Herr Kirchgässner erwähnte*; es gibt ja auch Instabilitätswellen, die sehr vordergründig sind –, spielt der akustische Aspekt gar keine Rolle. Also sind Wellen auch bei konstanter Dichte möglich. Aus welchem Grunde sind in Ihren Betrachtungen solche Wellen ausgeschlossen?

*Herr Fettweis:* Soweit ich dies bisher weiß, kann der streng inkompressible Fall in der Tat nicht ohne weiteres mit dem neuen Verfahren behandelt werden. Bei Flüssigkeiten ist es freilich sehr sinnvoll, Inkompressibilität anzunehmen, in der Aerodynamik allerdings nicht. Das Problem entsteht durch die vierte Gleichung, die Kontinuitätsgleichung, denn in dieser fällt bei konstanter Dichte die zeitliche Ableitung heraus. Im Prinzip besitzt ja ein inkompressibles Fluid eine unendliche

---

* Vgl. Klaus Kirchgässner, Struktur nichtlinearer Wellen. Ein Modell für den Übergang zur Turbulenz. NRWAkW N 393, Opladen 1992.

Ausbreitungsgeschwindigkeit. Das Verfahren beruht aber auf der Annahme endlicher Ausbreitungsgeschwindigkeit. Es bildet ja die Physik nach und rechnet schrittweise in der Zeit fort. Wenn wir in jedem diskreten Raumpunkt einen winzigen Rechner hätten, der die dort erforderlichen Rechenoperationen ausführte, so würden wir in dem diskretisierten Raum echte Ausbreitungsvorgänge erkennen, die notgedrungen mit unendlicher Geschwindigkeit fortschreiten. Somit kann das Verfahren zumindest in seiner ursprünglichen Form nicht funktionieren, wenn unendliche Ausbreitungsgeschwindigkeit vorliegt.

*Herr Vasanta Ram:* Wasseroberflächenwellen schreiten aber mit endlicher Geschwindigkeit fort. Die Wellen des Umschlags laminar-turbulent (sog. Tollmien-Schlichtigsche Wellen) schreiten auch mit endlicher Geschwindigkeit fort.

*Herr Fettweis:* Das ist etwas anderes. Dann haben Sie eine variable, in gewissem Sinn elastische Oberfläche, die man in die Betrachtungen einbeziehen muß. Ich vermute, daß man das Verfahren wiederum anwenden kann, wenn man diese Elastizität auf geeignete Weise berücksichtigt. A priori sehe ich jedenfalls keinen Grund, weshalb das nicht funktionieren sollte, denn wir haben ja, wie Sie herausgestellt haben, wiederum ein Phänomen mit endlicher Ausbreitungsgeschwindigkeit. Ich muß aber betonen, daß ich kein Fachmann bin und ich mich bisher mit solchen Vorgängen nicht befaßt habe. Eine präzise Antwort kann ich Ihnen daher leider nicht geben.

*Herr Kirchgässner:* Ich wollte zu dieser Auseinandersetzung nur eine kleine Bemerkung machen. Ich glaube, Sie haben völlig recht; denn der Druck ist in den inkompressiblen Navier-Stokes-Gleichungen eine nicht-lokale Größe, während er in den kompressiblen Gleichungen, die Sie benutzt haben, eine thermodynamische Größe ist und damit eine lokale Größe. Und da Ihr Verfahren offensichtlich die Lokalität voraussetzt, werden Sie den inkompressiblen Fall nicht erfassen können.

*Herr Fettweis:* Ja, das ist so, außer wenn man die Behandlung z. B. auf die Betrachtung von Oberflächenwellen zurückführen kann.

*Herr Kirchgässner:* Es geht ja jetzt um die Ausbreitung des Drucks, und der muß lokaler Natur sein.

*Herr Fettweis:* Natürlich. Bei den Oberflächenwellen kommt die Elastizität ja durch das Auf und Ab der Oberfläche des Fluids zustande, nicht durch einen Zusammenhang zwischen Druck und Dichte.

# Veröffentlichungen
## der Nordrhein-Westfälischen Akademie der Wissenschaften

### Neuerscheinungen 1988 bis 1994

| Vorträge N Heft Nr. | | NATUR-, INGENIEUR- UND WIRTSCHAFTSWISSENSCHAFTEN |
|---|---|---|
| 362 | Erich Sackmann, München | Biomembranen: Physikalische Prinzipien der Selbstorganisation und Funktion als integrierte Systeme zur Signalerkennung, -verstärkung und -übertragung auf molekularer Ebene |
| | Kurt Schaffner, Mühlheim/Ruhr | Zur Photophysik und Photochemie von Phytoschrom, einem photomorphogenetischen Regler in grünen Pflanzen |
| 363 | Klaus Knizia, Dortmund | Energieversorgung im Spannungsfeld zwischen Utopie und Realität |
| | Gerd H. Wolf, Jülich | Fusionsforschung in der Europäischen Gemeinschaft |
| 364 | Hans Ludwig Jessberger, Bochum | Geotechnische Aufgaben der Deponietechnik und der Altlastensanierung |
| | Egon Krause, Aachen | Numerische Strömungssimulation |
| 365 | Dieter Stöffler, Münster | Geologie der terrestrischen Planeten und Monde |
| | Hans Volker Klapdor, Heidelberg | Der Beta-Zerfall der Atomkerne und das Alter des Universums |
| 366 | Horst Uwe Keller, Katlenburg-Lindau | Das neue Bild des Planeten Halley - Ergebnisse der Raummissionen |
| | Ulf von Zahn, Bonn | Wetter in der oberen Atmosphäre (50 bis 120 km Höhe) |
| 367 | Jozef S. Schell, Köln | Fundamentales Wissen über Struktur und Funktion von Pflanzengenen eröffnet neue Möglichkeiten in der Pflanzenzüchtung |
| 368 | Frank H. Hahn, Cambridge | Aspects of Monetary Theory |
| 370 | Friedrich Hirzebruch, Bonn | Codierungstheorie und ihre Beziehung zu Geometrie und Zahlentheorie |
| | Don Zagier, Bonn | Primzahlen: Theorie und Anwendung |
| 371 | Hartwig Höcker, Aachen | Architektur von Makromolekülen |
| 372 | János Szentágothai, Budapest | Modulare Organisation nervöser Zentralorgane, vor allem der Hirnrinde |
| 373 | Rolf Staufenbiel, Aachen | Transportsysteme der Raumfahrt |
| | Peter R. Sahm, Aachen | Werkstoffwissenschaften unter Schwerelosigkeit |
| 374 | Karl-Heinz Büchel, Leverkusen | Die Bedeutung der Produktinnovation in der Chemie am Beispiel der Azol-Antimykotika und -Fungizide |
| 375 | Frank Natterer, Münster | Mathematische Methoden der Computer-Tomographie |
| | Rolf W. Günther, Aachen | Das Spiegelbild der Morphe und der Funktion in der Medizin |
| 376 | Wilhelm Stoffel, Köln | Essentielle makromolekulare Strukturen für die Funktion der Myelinmembran des Zentralnervensystems |
| 377 | Hans Schadewaldt, Düsseldorf | Betrachtungen zur Medizin in der bildenden Kunst |
| 378 | 6. Akademie-Forum | Arzt und Patient im Spannungsfeld: Natur - technische Möglichkeiten - Rechtsauffassung |
| | Wolfgang Klages, Aachen | Patient und Technik |
| | Hans-Erhard Bock, Tübingen, Hans-Ludwig Schreiber, Hannover | Patientenaufklärung und ihre Grenzen |
| | Herbert Weltrich, Düsseldorf | Ärztliche Behandlungsfehler |
| | Paul Schölmerich, Mainz Günter Solbach, Aachen | Ärztliches Handeln im Grenzbereich von Leben und Sterben |
| 379 | Hermann Flohn, Bonn | Treibhauseffekt der Atmosphäre: Neue Fakten und Perspektiven |
| | Dieter Hans Ehhalt, Jülich | Die Chemie des antarktischen Ozonlochs |
| 380 | Gerd Herziger, Aachen | Anwendungen und Perspektiven der Lasertechnik |
| | Manfred Weck, Aachen | Erhöhung der Bearbeitungsgenauigkeit - eine Herausforderung an die Ultrapräzisionstechnik |
| 381 | Wilfried Ruske, Aachen | Planung, Management, Gestaltung - aktuelle Aufgaben des Stadtbauwesens |
| 382 | Sebastian A. Gerlach, Kiel | Flußeinträge und Konzentrationen von Phosphor und Stickstoff und das Phytoplankton der Deutschen Bucht |
| | Karsten Reise, Sylt | Historische Veränderungen in der Ökologie des Wattenmeeres |
| 383 | Lothar Jaenicke, Köln | Differenzierung und Musterbildung bei einfachen Organismen |
| | Gerhard W. Roeb, Fritz Führ, Jülich | Kurzlebige Isotope in der Pflanzenphysiologie am Beispiel des $^{11}C$-Radiokohlenstoffs |

| | | |
|---|---|---|
| 384 | Sigrid Peyerimhoff, Bonn | Theoretische Untersuchung kleiner Moleküle in angeregten Elektronenzuständen |
| | Siegfried Matern, Aachen | Konkremente im menschlichen Organismus: Aspekte zur Bildung und Therapie |
| 385 | Parlamentarisches Kolloquium | Wissenschaft und Politik – Molekulargenetik und Gentechnik in Grundlagenforschung, Medizin und Industrie |
| 386 | Bernd Höfflinger, Stuttgart | Neuere Entwicklungen der Silizium-Mikroelektronik |
| 387 | János Kertész, Köln | Tröpfchenmodelle des Flüssig-Gas-Übergangs und ihre Computer-Simulation |
| 388 | Erhard Hornbogen, Bochum | Legierungen mit Formgedächtnis |
| 389 | Otto D. Creutzfeldt, Göttingen | Die wissenschaftliche Erforschung des Gehirns: Das Ganze und seine Teile |
| 390 | Friedhelm Stangenberg, Bochum | Qualitätssicherung und Dauerhaftigkeit von Stahlbetonbauwerken |
| 391 | Helmut Domke, Aachen | Aktive Tragwerke |
| 392 | Sir John Eccles, Contra | Neurobiology of Cognitive Learning |
| 393 | Klaus Kirchgässner, Stuttgart | Struktur nichtlinearer Wellen – ein Modell für den Übergang zum Chaos |
| 394 | Hermann Josef Roth, Tübingen | Das Phänomen der Symmetrie in Natur- und Arzneistoffen |
| | Rudolf K. Thauer, Marburg | Warum Methan in der Atmosphäre ansteigt. Die Rolle von Archaebakterien |
| 395 | Guy Ourisson, Straßburg | Die Hopanoide |
| | Werner Schreyer, Bochum | Ultra-Hochdruckmetamorphose von Gesteinen als Resultat von tiefer Versenkung kontinentaler Erdkruste |
| 396 | Gottfried Bombach, Basel | Zyklen im Ablauf des Wirtschaftsprozesses – Mythos und Realität |
| | Knut Bleicher, St Gallen | Unternehmungsverfassung und Spitzenorganisation in internationaler Sicht |
| 397 | Jean-Michel Grandmont, Paris | Expectations Driven Nonlinear Business Cycles |
| | Martin Weber, Kiel | Ambiguitätseffekte in experimentellen Märkten |
| 398 | Alfred Pühler, Bielefeld | Bakterien–Pflanzen–Interaktion: Analyse des Signalaustausches zwischen den Symbiosepartnern bei der Ausbildung von Luzerneknöllchen |
| 399 | Horst Kleinkauf, Berlin | Enzymatische Synthese biologisch aktiver Antibiotikapeptide und immunologisch suppressiver Cyclosporinderivate |
| | Helmut Sies, Düsseldorf | Reaktive Sauerstoffspezies: Prooxidantien und Antioxidantien in Biologie und Medizin |
| 400 | Herbert Gleiter, Saarbrücken | Nanostrukturierte Materialien |
| | Hans Lüth, Jülich | Halbleiterheterostrukturen: Große Möglichkeiten für die Mikroelektronik und die Grundlagenforschung |
| 401 | Gerhard Heimann, Aachen | Medikamentöse Therapie im Kindesalter |
| | Egon Macher, Münster/Westf. | Die Haut als immunologisch aktives Organ |
| 402 | Konstantin-Alexander Hossmann, Köln | Mechanismen der ischämischen Hirnschädigung |
| | Herrmann M. Bolt, Dortmund | Zur Voraussagbarkeit toxikologischer Wirkungen: Kanzerogenität von Alkenen |
| 403 | Volker Weidemann, Kiel | Endstadien der Sternentwicklung |
| | Alfred Müller, Erlangen | Quantenmechanische Rotationsanregungen in Kristallen |
| 404 | Matthias Kreck, Mainz | Positive Krümmung und Topologie |
| 405 | Benno Parthier, Halle | Problemfelder der zusammengefügten deutschen Wissenschaftslandschaft |
| | Erhard Hornbogen, Bochum | Kreislauf der Werkstoffe |
| 406 | Hubert Markl, Konstanz, Berlin | Wissenschaftliche Eliten und wissenschaftliche Verantwortung in der industriellen Massengesellschaft |
| 407 | Joachim Trümper, Garching | Was der Röntgensatellit ROSAT entdeckte |
| | Dietrich Neumann, Köln | Ökologische Probleme im Rheinstrom |
| 408 | Wilfried Werner, Bonn | Recycling biogener Siedlungsabfälle in der Landwirtschaft |
| 409 | Holger W. Jannasch, Woods Hole MA | Neuartige Lebensformen an den Thermalquellen der Tiefsee |
| 410 | Hartmut Zabel, Bochum | Epitaxielle Schichten: Neue Strukturen und Phasenübergänge |
| | Eckart Kneller, Bochum | Der Austauschfeder-Magnet: Ein neues Materialprinzip für Permanentmagnete |
| 411 | Brigitte M. Jockusch, Braunschweig | Architekturelemente tierischer Zellen |
| 412 | Alfred Fettweis, Bochum | Numerische Integration partieller Differentialgleichungen mit Hilfe diskreter passiver dynamischer Systeme |

# ABHANDLUNGEN

*Band Nr.*

| | | |
|---|---|---|
| 70 | *Werner H. Hauss, Münster*<br>*Robert W. Wissler, Chicago* | Second Münster International Arteriosclerosis Symposium: Clinical Implications of Recent Research Results in Arteriosclerosis |
| 71 | *Elmar Edel, Bonn* | Die Inschriften der Grabfronten der Siut-Gräber in Mittelägypten aus der Herakleopolitenzeit |
| 72 | *(Sammelband)* | Studien zur Ethnogenese |
| | *Wilhelm E. Mühlmann* | Ethnogonie und Ethnogonese |
| | *Walter Heissig* | Ethnische Gruppenbildung in Zentralasien im Licht mündlicher und schriftlicher Überlieferung |
| | *Karl J. Narr* | Kulturelle Vereinheitlichung und sprachliche Zersplitterung: Ein Beispiel aus dem Südwesten der Vereinigten Staaten |
| | *Harald von Petrikovits* | Fragen der Ethnogenese aus der Sicht der römischen Archäologie |
| | *Jürgen Untermann* | Ursprache und historische Realität. Der Beitrag der Indogermanistik zu Fragen der Ethnogenese |
| | *Ernst Risch* | Die Ausbildung des Griechischen im 2. Jahrtausend v. Chr. |
| | *Werner Conze* | Ethnogenese und Nationsbildung – Ostmitteleuropa als Beispiel |
| 73 | *Nikolaus Himmelmann, Bonn* | Ideale Nacktheit |
| 74 | *Alf Önnerfors, Köln* | Willem Jordaens, *Conflictus virtutum et viciorum*. Mit Einleitung und Kommentar |
| 75 | *Herbert Lepper, Aachen* | Die Einheit der Wissenschaften: Der gescheiterte Versuch der Gründung einer „Rheinisch-Westfälischen Akademie der Wissenschaften" in den Jahren 1907 bis 1910 |
| 76 | *Werner H. Hauss, Münster*<br>*Robert W. Wissler, Chicago*<br>*Jörg Grünwald, Münster* | Fourth Münster International Arteriosclerosis Symposium: Recent Advances in Arteriosclerosis Research |
| 77 | *Elmar Edel, Bonn* | Die ägyptisch-hethitische Korrespondenz (2 Bände) |
| 78 | *(Sammelband)* | Studien zur Ethnogenese, Band 2 |
| | *Rüdiger Schott* | Die Ethnogenese von Völkern in Afrika |
| | *Siegfried Herrmann* | Israels Frühgeschichte im Spannungsfeld neuer Hypothesen |
| | *Jaroslav Šašel* | Der Ostalpenbereich zwischen 550 und 650 n. Chr. |
| | *András Róna-Tas* | Ethnogenese und Staatsgründung. Die türkische Komponente bei der Ethnogenese des Ungartums |
| | *Register zu den Bänden 1 (Abh 72) und 2 (Abh 78)* | |
| 79 | *Hans-Joachim Klimkeit, Bonn* | Hymnen und Gebete der Religion des Lichts. Iranische und türkische Texte der Manichäer Zentralasiens |
| 80 | *Friedrich Scholz, Münster* | Die Literaturen des Baltikums. Ihre Entstehung und Entwicklung |
| 81 | *Walter Mettmann, Münster (Hrsg.)* | Alfonso de Valladolid, *Ofrenda de Zelos* und *Libro de la Ley* |
| 82 | *Werner H. Hauss, Münster*<br>*Robert W. Wissler, Chicago*<br>*H.-J. Bauch, Münster* | Fifth Münster International Arteriosclerosis Symposium: Modern Aspects of the Pathogenesis of Arteriosclerosis |
| 83 | *Karin Metzler, Frank Simon, Bochum* | Ariana et Athanasiana. Studien zur Überlieferung und zu philologischen Problemen der Werke des Athanasius von Alexandrien. |
| 84 | *Siegfried Reiter / Rudolf Kassel, Köln* | Friedrich August Wolf. Ein Leben in Briefen. Ergänzungsband, I: Die Texte; II: Die Erläuterungen |
| 85 | *Walther Heissig, Bonn* | Heldenmärchen versus Heldenepos? Strukturelle Fragen zur Entwicklung altaischer Heldenmärchen |
| 86 | *Hans Rothe, Bonn* | *Die Schlucht*. Ivan Gontscharov und der „Realismus" nach Turgenev und vor Dostojevski (1849–1869) |
| 87 | *Werner H. Hauss, Münster*<br>*Robert W. Wissler; Chicago*<br>*H.-J. Bauch, Münster* | Sixth Münster International Arteriosclerosis Symposium: New Aspects of Metabolismn and Behaviour of Mesenchymal Cells during the Pathogenesis of Arteriosclerosis |
| 88 | *Peter Zieme, Berlin* | Religion und Gesellschaft im Uigurischen Königreich von Qočo |
| 89 | *Karl H. Menges, Wien* | Drei Schamanengesänge der Ewenki-Tungusen Nord-Sibiriens |
| 91 | *T. Čertorickaja, Moskau* | Vorläufiger Katalog Kirchenslavischer Homilien des beweglichen Jahreszyklus |
| 92 | *Walter Mettmann, Münster (Hrsg.)* | Alfonso de Valladolid, *Mostrador de Justicia* |

*Sonderreihe* PAPYROLOGICA COLONIENSIA

| | |
|---|---|
| Vol. V: *Angelo Geißen, Köln*<br>*Wolfram Weiser, Köln* | Katalog Alexandrinischer Kaisermünzen der Sammlung des Instituts für Altertumskunde der Universität zu Köln<br>Band 1: Augustus-Trajan (Nr. 1–740)<br>Band 2: Hadrian-Antoninus Pius (Nr. 741–1994)<br>Band 3: Marc Aurel-Gallienus (Nr. 1995–3014)<br>Band 4: Claudius Gothicus – Domitius Domitianus, Gau-Prägungen, Anonyme Prägungen, Nachträge, Imitationen, Bleimünzen (Nr. 3015–3627)<br>Band 5: Indices zu den Bänden 1 bis 4 |
| Vol. VII | Kölner Papyri (P. Köln) |
| *Bärbel Kramer und Robert Hübner (Bearb.), Köln* | Band 1 |
| *Bärbel Kramer und Dieter Hagedorn (Bearb.), Köln* | Band 2 |
| *Bärbel Kramer, Michael Erler, Dieter Hagedorn und Robert Hübner (Bearb.), Köln* | Band 3 |
| *Bärbel Kramer, Cornelia Römer und Dieter Hagedorn (Bearb.), Köln* | Band 4 |
| *Michael Gronewald, Klaus Maresch und Wolfgang Schäfer (Bearb.), Köln* | Band 5 |
| *Michael Gronewald, Bärbel Kramer, Klaus Maresch, Maryline Parca und Cornelia Römer (Bearb.)* | Band 6 |
| *Michael Gronewald, Klaus Maresch (Bearb.), Köln* | Band 7 |
| Vol. VIII: *Sayed Omar (Bearb.), Kairo* | Das Archiv des Soterichos (P. Soterichos) |
| Vol. IX | Kölner ägyptische Papyri (P. Köln ägypt.) |
| *Dieter Kurth, Heinz-Josef Thissen und Manfred Weber (Bearb.), Köln* | Band 1 |
| Vol. X: *Jeffrey S. Rusten, Cambridge, Mass.* | Dionysius Scytobrachion |
| Vol. XI: *Wolfram Weiser, Köln* | Katalog der Bithynischen Münzen der Sammlung des Instituts für Altertumskunde der Universität zu Köln<br>Band 1: Nikaia. Mit einer Untersuchung der Prägesysteme und Gegenstempel |
| Vol. XII: *Colette Sirat, Paris u. a.* | La *Ketouba* de Cologne. Un contrat de mariage juif à Antinoopolis |
| Vol. XIII: *Peter Frisch, Köln* | Zehn agonistische Papyri |
| Vol. XIV: *Ludwig Koenen, Ann Arbor*<br>*Cornelia Römer (Bearb.), Köln* | Der Kölner Mani-Kodex.<br>Über das Werden seines Leibes. Kritische Edition mit Übersetzung. |
| Vol. XV: *Jaakko Frösen, Helsinki/Athen*<br>*Dieter Hagedorn, Heidelberg (Bearb.))* | Die verkohlten Papyri aus Bubastos (P. Bub.)<br>Band 1 |
| Vol. XVI: *Robert W. Daniel, Köln*<br>*Franco Maltomini, Pisa (Bearb.)* | Supplementum Magicum<br>Band 1<br>Band 2 |
| Vol. XVII: *Reinhold Merkelbach,*<br>*Maria Totti (Bearb.), Köln* | Abrasax. Ausgewählte Papyri religiösen und magischen Inhalts<br>Band 1 und Band 2: Gebete<br>Band 3: Zwei griechisch-ägyptische Weihezeremonien |
| Vol. XVIII: *Klaus Maresch, Köln*<br>*Zola M. Packmann, Pietermaritzburg, Natal (eds.)* | Papyri from the Washington University Collection, St. Louis, Missouri |
| Vol. XIX: *Robert W. Daniel, Köln (ed.)* | Two Greek Papyri in the National Museum of Antiquities in Leiden |
| Vol. XX: *Erika Zwierlein-Diehl, Bonn (Bearb.)* | Magische Amulette und andere Gemmen des Instituts für Altertumskunde der Universität zu Köln |
| Vol. XXI: *Klaus Maresch, Köln* | Nomisma und Nomismatia. Beiträge zur Geldgeschichte Ägyptens im 6. Jahrhundert n. Chr. |
| Vol. XXII: *Roy Kotansky, Köln* | Greek Magical Amulets. The Inscribed Gold, Silver, Copper, and Bronze *Lamellae*<br>Part I: Published Texts of Known provenance |

MIX
Papier aus verantwortungsvollen Quellen
Paper from responsible sources
FSC® C105338

If you have any concerns about our products,
you can contact us on
ProductSafety@springernature.com

In case Publisher is established outside the EU,
the EU authorized representative is:
Springer Nature Customer Service Center GmbH
Europaplatz 3, 69115 Heidelberg, Germany

Printed by Libri Plureos GmbH
in Hamburg, Germany